Worte der Liebe

Esslemont Verlag

Worte der Liebe – Aus den Bahá'í Schriften

Aus den Schriften von Bahá'u'lláh und 'Abdu'l-Bahá, ausgewählt von Isabella Csik und Saed Rahmanian.

Dieses Büchlein soll einen kleinen Einblick in die Schriften von Bahá'u'lláh und 'Abdu'l-Bahá geben.

Möge das Licht dieser edlen Worte die ganze Welt erleuchten!

Wien, Juni 2010

Die Herausgeber:

Dr. Saed Rahmanian

Isabella Csik, B.A.

info@esslemont-verlag.org

ISBN 978-3-200-01671-2

Esslemont Verlag

www.esslemont-verlag.org

Layout:

Ariane Pesl, B.A.

ariane@esslemont-verlag.org

»Sollte jemals eure Aufmerksamkeit auf die Namen Bahá'u'lláh und 'Abdu'l-Bahá gelenkt werden, so legt ihre Schriften nicht zur Seite!

Forscht in ihren Büchern und lasst ihre herrlichen friedebringenden, liebeverbreitenden Worte und Lehren so in eure Herzen eindringen, wie sie in meines drangen ...«

Königin Maria von Rumänien (1900 – 1961)

Eine Stunde
Nachdenkens
ist mehr wert als
siebzig Jahre
frommer Andacht.

Gebt euch nicht zufrieden, bis jeder, mit dem ihr zu tun habt, für euch wie einer aus eurer Familie ist. Seht jedermann als Vater oder Bruder, als Schwester oder Mutter oder als ein Kind an. Wenn ihr das erreichen könnt, dann werden eure Schwierigkeiten vergehen; ihr werdet dann wissen, was zu tun ist.

Man darf in jedem menschlichen Wesen nur das sehen, was des Lobes würdig ist. Wenn man so handelt, kann man der ganzen Menschheit Freund sein.

O Sohn des Menschen!
Verhüllt in Meinem unvordenklichen Sein und in der Urewigkeit Meines Wesens, wusste Ich um Meine Liebe zu dir. Darum erschuf Ich dich, prägte dir Mein Ebenbild ein und offenbarte dir Meine Schönheit.

O Sohn des Menschen!
Ich liebte es, dich zu erschaffen, also erschuf Ich dich. Nun liebe du Mich, damit Ich deinen Namen nenne und deine Seele mit dem Geiste des Lebens erfülle.

Handelt so, dass euer Herz von Hass frei ist. Fühlt euch niemals beleidigt.

Wenn jemand einen Fehler begeht und euch Unrecht tut, müsst ihr ihm augenblicklich vergeben.

Beklagt euch nicht über andere. Hütet euch, sie zu tadeln, und wenn ihr eine Ermahnung oder einen Rat geben wollt, dann tut das in einer Weise, dass es den Belehrten nicht belastet.

Denkt zu allen Zeiten daran, wie ihr jedem Glied der Menschheit einen Dienst erweisen könnt. Schenkt Abneigung und Zurückweisung, Geringschätzung, Feindseligkeit und Ungerechtigkeit keine Beachtung: Tut das Gegenteil. Seid aufrichtig freundlich, nicht nur dem Anschein nach.

Fern sei es uns, jemals den Glauben an die unermesslichen Gunstbeweise Gottes zu verlieren; denn wenn es Sein Wunsch wäre, könnte Er ein bloßes Atom in eine Sonne und einen einzigen Tropfen in ein Meer verwandeln. Tausend Türen tut Er auf, wo der Mensch außerstande ist, sich auch nur eine vorzustellen.

Das erste Zeichen des Glaubens ist Liebe.

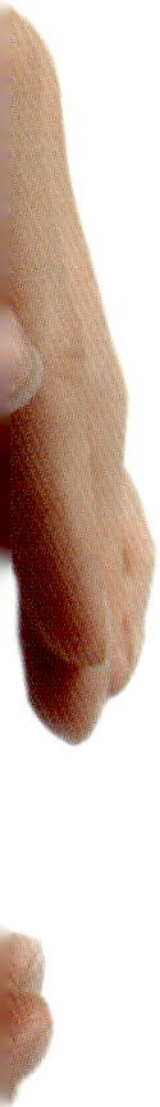

Wahrlich, Ich sage: Die Zunge ist dazu da, vom Guten zu sprechen; befleckt sie nicht mit übler Rede. Gott hat vergeben, was vergangen ist.

Von nun an äußere jeder, was sich schickt; jeder enthalte sich der üblen Nachrede, der Schmähung und all dessen, was andere Menschen traurig macht.

Ein guter Charakter ist wahrlich der beste Mantel Gottes für die Menschen. Gott schmückt damit Seine Geliebten.

Bei Meinem Leben! Das Licht eines guten Charakters überstrahlt die Sonne und ihren Glanz. Wer ihn erlangt, gilt als Juwel unter den Menschen.

Bürdet keiner Seele eine Last auf, die ihr selber nicht tragen wollt, und wünscht niemandem, was ihr euch selbst nicht wünscht. Dies ist Mein bester Rat für euch, wolltet ihr ihn doch beherzigen.

Wenn ein Kriegsgedanke kommt, so widersteht ihm mit einem stärkeren Gedanken des Friedens.

Ein Haßgedanke muß durch einen mächtigeren Gedanken der Liebe vernichtet werden.

Kriegsgedanken zerstören alle Eintracht, Wohlfahrt, Ruhe und Freude.

Gedanken der Liebe schaffen Kameradschaftlichkeit, Frieden, Freundschaft und Glückseligkeit.

O Fremdling, dem Freundschaft erwiesen wird!

Die Kerze deines Herzens ist durch die Hand Meiner Macht entzündet. Lösche sie nicht durch die widrigen Winde der Selbstsucht und der Leidenschaft.

Meiner zu gedenken, ist dein Heil in allen Gebrechen; vergiss dies nicht.

Mache Meine Liebe zu deinem Schatz und hege sie wie dein Augenlicht und dein Leben.

Sei nicht Sklave, sondern Herr deiner Stimmungen. Bist du aber so verärgert, so gedrückt, so wund, dass dein Geist selbst im Gebet nicht Erlösung und Ruhe findet, so gehe eilends hin und bereite einem Geringen, einem Bekümmerten, einem schuldig oder unschuldig Leidenden – eine Freude! Opfere dich, deine Gabe, deine Zeit, deine Ruhe einem anderen, einem, dem mehr als dir auferlegt ist – und deine unglückliche Stimmung löst sich auf in gottselige, gottzufriedene Ergebung.

Wischt euch die Augen, dass ihr keinen Menschen anders betrachtet als euch selbst. Seht keine Fremden, seht vielmehr alle Menschen als Freunde; denn Liebe und Einheit fallen schwer, wenn ihr den Blick auf das Andersartige heftet.

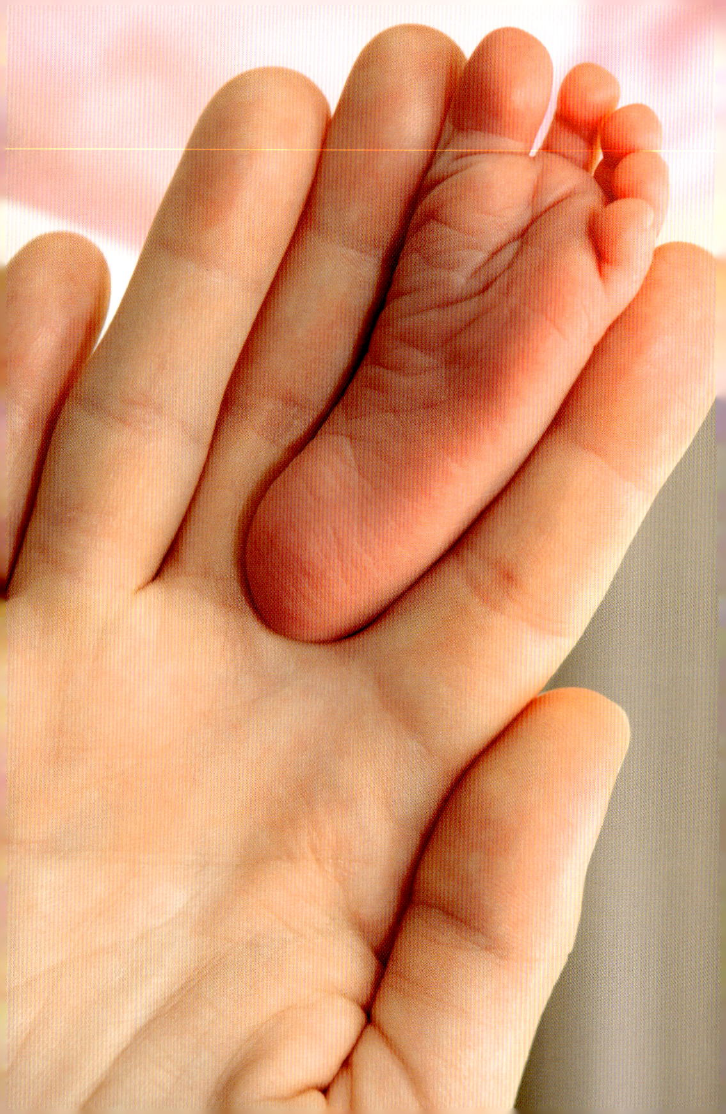

Mütter sind die ersten Erzieher, die ersten Berater; sie sind es wahrlich, die das Glück, die zukünftige Bedeutung, die Liebenswürdigkeit, Bildung und Urteilskraft, das Verständnis und den Glauben ihrer Kleinen vorherbestimmen.

Wann immer eine Mutter sieht, dass ihr Kind etwas gut gemacht hat, soll sie es loben, ihre Anerkennung äußern und sein Herz erfreuen. ... Es ist jedoch nicht erlaubt, ein Kind zu schlagen oder es verächtlich zu machen, denn der Charakter des Kindes wird durch Prügel oder Beschimpfung völlig verdorben.

Alle Religionen lehren, dass wir einander lieben und unsere eigenen Fehler herausfinden sollten, bevor wir uns erkühnen, die Fehler anderer zu verdammen, und dass wir uns nicht über unseren Nächsten erheben dürfen.

O Sohn des Menschen!
Ist Wohlstand dir beschieden, so juble nicht, und ist Erniedrigung dein Los, so gräme dich nicht; denn beides wird vergehen und nicht mehr sein.

Ein strahlendes, glückliches Gesicht ermutigt die Menschen auf ihren Wegen.

Wenn jemand traurig ist und einem lachenden Kind begegnet, dann wird das Kind beim Anblick seines Gesichtes aufhören zu lachen, ohne zu wissen warum.

Wahrlich, das Notwendigste ist Zufriedenheit in allen Lebenslagen, durch sie bewahrt sich der Mensch vor krankhaften Zuständen und vor Abspannung. Gib nicht dem Kummer und der Sorge Raum, denn sie verursachen das größte Elend.

Eifersucht verzehrt den Körper, und Zorn verbrennt die Leber. Meide diese beiden, wie du einen Löwen meidest.

Wenn ein Mensch zehn gute und eine schlechte Eigenschaft hat, so blicke nur auf die zehn guten und nicht auf die eine schlechte; hat er aber zehn schlechte und eine gute Eigenschaft, so sieh nur auf die eine gute, nicht auf die zehn schlechten.

Sollte jemand Streit mit euch suchen, trachtet danach, ihn zum Freunde zu gewinnen. Sollte jemand euch bis ins Innerste verletzen, seid ein heilender Balsam für seine Wunden. Sollte euch jemand verspotten und verhöhnen, begegnet ihm mit Liebe. Sollte jemand seine Schuld auf euch abwälzen, lobt ihn. Sollte er euch tödliches Gift anbieten, so gebt ihm dafür den besten Honig; und sollte er euer Leben bedrohen, so gewährt ihm eine Arznei, die ihn für immer heilen wird.

O Sohn des Menschen! Wenn dich auf Meinem Pfad keine Trübsal befiele, wie könntest du die Wege derer beschreiten, die mit Meinem Wohlgefallen zufrieden sind? Und wenn keine Prüfungen dich heimsuchten in deiner Sehnsucht nach Mir, wie könntest du dann das Licht in deiner Liebe zu Meiner Schönheit erlangen?

Die beste Art, Gott zu danken, ist, einander zu lieben.

Man kann glücklich sein im Zustand des Wohllebens, der Behaglichkeit, der Gesundheit, des Erfolgs, des Vergnügens und der Freude; wenn aber jemand glücklich und zufrieden sein kann in unruhigen und harten Zeiten und in Krankheitstagen, so ist dies der Beweis von Seelenadel.

O Heerschar Gottes! Hütet euch, eine Seele zu kränken, ein Herz zu betrüben oder einen Menschen mit euren Worten zu verletzen, sei er euer Bekannter oder ein Fremdling, Freund oder Feind.

Betet für alle; bittet, dass alle selig werden und Vergebung finden. Hütet euch, hütet euch, Rache zu nehmen, selbst dann, wenn jemand nach eurem Blut dürstet. Hütet euch, hütet euch, die Gefühle eines anderen zu verletzen, auch wenn er ein Übeltäter ist und euch Böses wünscht.

Schaut nicht auf die Geschöpfe, wendet euch ihrem Schöpfer zu.

Selig und glücklich ist, wer sich erhebt, dem Wohle aller Völker und Geschlechter der Erde zu dienen. …

Es rühme sich nicht, wer sein Vaterland liebt, sondern wer die ganze Welt liebt.
Die Erde ist nur ein Land, und alle Menschen sind seine Bürger.

DER BAHÁ'Í

-GLAUBE

Ein kleiner Einblick

Die Bahá'í-Religion ist eine unabhängige monotheistische Religion. Die Bahá'í folgen den Lehren Bahá'u'lláhs, der von 1817–1892 lebte. Er wird von den Bahá'í als der vorläufig letzte in einer Reihe von Gottesboten angesehen, die sich seit Anbeginn der Zeiten erstreckt. Die weltweit sechs Millionen Bahá'í kommen aus allen Nationen, ethnischen Gruppierungen, Kulturen, Berufen und sozialen oder wirtschaftlichen Hintergründen.

Bahá'í-Prinzipien

Soziale Prinzipien

* Beseitigung aller Formen von Vorurteilen
* Die Gleichberechtigung von Mann und Frau
* Anerkennung der Einheit der Weltreligionen
* Universale Erziehung und eine Welthilfssprache
* Arbeit und Dienst an der Gesellschaft
* Harmonie zwischen Wissenschaft und Religion
* Ausgewogenheit zwischen Natur und Technologie
* Einheit der Völker in Vielfalt

» Der ist wirklich ein Mensch, der sich heute dem Dienst am ganzen Menschengeschlecht hingibt. «

Bahá'u'lláh, Ährenlese 117:1

Geistige Prinzipien

* Einheit Gottes
* Einheit der Religionen
* Einheit der Menschheit
* Selbstständige Suche nach Wahrheit
* Religion sollte Liebe und Zuneigung hervorrufen
* Tägliches Gebet und Meditation
* Entwicklung des Menschen durch Tugenden
* Kein wirkliches Glück ohne Geistigkeit

Für mehr Informationen

* www.bahai.at
* www.bahai.de
* www.bahai.ch

Quellenverzeichnis:

Seite 4: Bahá'u'lláh, Das Buch der Gewissheit 267

Seite 7: 'Abdu'l-Bahá, 'Abdu'l-Bahá in London, S. 91, zitiert nach: Leben als Bahá'í, S. 63

Seite 8: 'Abdu'l-Bahá, Briefe und Botschaften 144:2

Seite 11: Bahá'u'lláh, Die Verborgenen Worte, arabisch 3 & 4

Seite 12: 'Abdu'l-Bahá, Promulgation, S. 453; zitiert nach: Göttliche Lebenskunst, S. 165

Seite 14: 'Abdu'l-Bahá, Briefe und Botschaften 1:7

Seite 16: Bahá'u'lláh, Botschaften aus 'Akká 11:44

Seite 18: 'Abdu'l-Bahá, Promulgation, S. 337; zitiert nach: Göttliche Lebenskunst, S. 61

Seite 21: Bahá'u'lláh, Botschaften aus 'Akká 15:2

Seite 22: Bahá'u'lláh, Botschaften aus 'Akká 4:13

Seite 25: Bahá'u'lláh, Ährenlese 66:8

Seite 26: 'Abdu'l-Bahá, Ansprachen in Paris 6:7 (S. 18)

Seite 28: Bahá'u'lláh, Die Verborgenen Worte, persisch 32

Seite 30: 'Abdu'l-Bahá, Pilgernotiz vom 5. 8. 1910, in: Sonne der Wahrheit, 13. Jg., Dezember 1933, Heft 10, S. 103

Seite 33: 'Abdu'l-Bahá, Briefe und Botschaften 8:7

Seite 35: 'Abdu'l-Bahá, Briefe und Botschaften 96:2 & 95:2

Seite 37: 'Abdu'l-Bahá, Ansprachen in Paris 45:6 (S. 117)

Seite 39: Bahá'u'lláh, Verborgene Worte, arabisch 52

Seite 41: 'Abdu'l-Bahá, 'Abdu'l-Bahá in London, S. 124, zitiert nach: Leben als Bahá'í, S. 74f

Seite 43: Bahá'u'lláh, zitiert nach: Esslemont, Bahá'u'lláh und das Neue Zeitalter, S. 128f

Seite 44: 'Abdu'l-Bahá, zitiert nach: Esslemont, Bahá'u'lláh und das Neue Zeitalter, S. 103

Seite 46: 'Abdu'l-Bahá, Briefe und Botschaften 16:5

Seite 48: Bahá'u'lláh, Die Verborgenen Worte, arabisch 50

Seite 51: 'Abdu'l-Bahá, Promulgation, S. 469, zitiert nach: Leben als Bahá'í, S. 75

Seite 53: 'Abdu'l-Bahá, Tablets of 'Abdu'l-Bahá, S. 263; zitiert nach: Göttliche Lebenskunst, S. 16

Seite 55: 'Abdu'l-Bahá, Briefe und Botschaften 35:11
Seite 57: Bahá'u'lláh, Botschaften aus 'Akká 11:13

Bildernachweis:

Cover: © yoshiko314/flickr.com
Seite 4/5: © Angelika-Wolter/pixelio.de
Seite 6: IrisB, sanfte Rose/piqs.de*
Seite 9: Audrey, Double Delight/piqs.de*
Seite 10/11: © suyiself/flickr.com
Seite 12/13: © yoshiko314/flickr.com
Seite 15: jimbobx, Orchidee/piqs.de*
Seite 16/17: © www.fotolia.com
Seite 18/19: © Stephanie Hofschlaeger/pixelio.de
Seite 20/21: © by Srdjan Janjušić
Seite 23: klapeg, Blatt im Wasser/piqs.de*
Seite 24/25: © Himi/pixelio.de
Seite 26/27: Wikipedia Commons
Seite 29: Renelutz, Coulors of Nature/piqs.de*
Seite 30/31: © suyiself/flickr.com
Seite 32: © Huber/pixelio.de
Seite 34: Pawel Loj, Mutant/piqs.de*
Seite 36/37: © www.fotolia.com
Seite 38/39: © media.bahai.org
Seite 40/41: © www.fotolia.com
Seite 42/43: © suyiself/flickr.com
Seite 45: © media.bahai.org
Seite 47: Wenik, Herbst am Neckar/piqs.de*
Seite 48/49: © www.fotolia.com
Seite 50/51: Bahá'í-Weltzentrum © media.bahai.org
Seite 52: fotodruide, Pfingstrosé/piqs.de*
Seite 54/55: © suyiself/flickr.com
Seite 56: Aspooner, Blütenkelche/piqs.de*

Zitierte Literatur:

Bahá'u'lláh, Ährenlese. Eine Auswahl aus den Schriften Bahá'u'lláhs, zusammengestellt und ins Englische übertragen von Shoghi Effendi, Hofheim[4] 1999
– Botschaften aus 'Akká, Hofheim 1982
– Das Buch der Gewissheit – Kitáb-i-Íqán, Hofheim 42000
– Die Verborgenen Worte, Hofheim 112001
'Abdu'l-Bahá, 'Abdu'l-Bahá in London. Adresses and Notes of Conversations, London 31987 (deutsche Übersetzung in Vorbereitung [Hofheim 2010])
– Ansprachen in Paris, Hofheim 81999
– Briefe und Botschaften, Hofheim 1992
– Promulgation of Universal Peace, Wilmette 21992
– Tablets of 'Abdu'l-Bahá, 3 Bde., Chicago 1909–1916

Kompilationen:

Esslemont, J.E., *Bahá'u'lláh und das Neue Zeitalter,* Hofheim 61976
Den Glauben vertiefen. Aus den Schriften Bahá'u'lláhs, 'Abdu'l-Bahás und Shoghi Effendis zusammengestellt, Hofheim 1984
Göttliche Lebenskunst. Eine von Mabel Hyde Paine besorgte Zusammenstellung aus Schriften von Bahá'u'lláh und 'Abdu'l-Bahá, Hofheim 41997
Leben als Bahá'í. Eine Zusammenstellung aus Schriften Bahá'u'lláhs, 'Abdu'l-Bahás und Shoghi Effendis, Hofheim 32008

Sämtliche deutschsprachigen Titel sind erschienen im Bahá'í-Verlag, D–65719 Hofheim
www.bahai-verlag.de